BEI GRIN MACHT SICH IHR WISSEN BEZAHLT

- Wir veröffentlichen Ihre Hausarbeit,
  Bachelor- und Masterarbeit

- Ihr eigenes eBook und Buch -
  weltweit in allen wichtigen Shops

- Verdienen Sie an jedem Verkauf

Jetzt bei www.GRIN.com hochladen
und kostenlos publizieren

Hauke Twardzik

Massentourismus in den Nationalparks - Konflikte und Management, das Fallbeispiel Banff und Jasper

GRIN Verlag

Bibliografische Information der Deutschen Nationalbibliothek:

Die Deutsche Bibliothek verzeichnet diese Publikation in der Deutschen National-
bibliografie; detaillierte bibliografische Daten sind im Internet über http://dnb.d-
nb.de/ abrufbar.

Impressum:

Copyright © 2009 GRIN Verlag GmbH
Druck und Bindung: Books on Demand GmbH, Norderstedt Germany
ISBN: 978-3-640-32138-4

Dieses Buch bei GRIN:

http://www.grin.com/de/e-book/126388/massentourismus-in-den-nationalparks-
konflikte-und-management-das-fallbeispiel

Massentourismus in den Nationalparks-

Konflikte und Management, das Fallbeispiel Banff/ Jasper

Von Hauke Twardzik

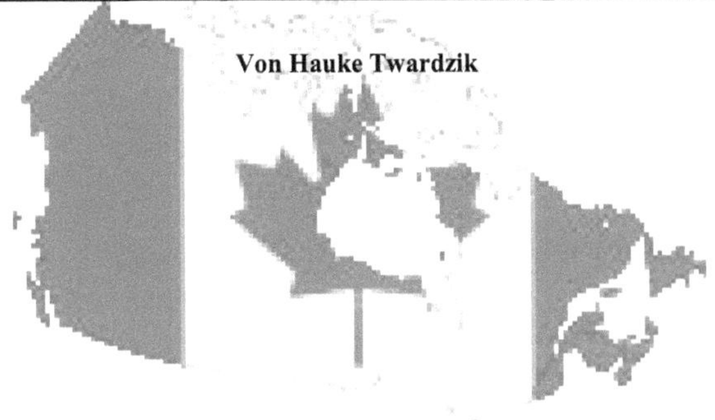

Christian-Albrechts-Universität zu Kiel

Geographisches Institut

Hauptseminar:

Regionale Geographie Nordamerikas

Wintersemester 2008/09

Inhaltsverzeichnis

1. Einleitung

„Die Nationalparks gehören zu Kanadas natürlichem Erbe und sollten als Unterpfand dafür verwaltet und bewahrt werden, dass die Kanadier und ihre Gäste hier auch weiterhin außergewöhnliche und charakteristische Landschaften mit all ihren Formen, Pflanzen und Tieren in einem weitgehend unberührten Zustand erleben können." [1]

Diese Grundsätze bestimmen die Arbeit von *Parks Canada*, eine Oranisation, zuständig für die Verwaltung und den Erhalt aller Nationalparks. Seit der Verkündung des *National Parks Act*, des Gesetzes über Nationalparks, im Jahre 1930 hat sich an dieser Grundidee nicht viel geändert. Auf den ersten Blick mag es aussehen, als stünde der Gedanke der Nutzung im Widerspruch zu dem der Erhaltung; das muss aber nicht unbedingt der Fall sein. Bis zu den sechziger Jahren kamen relativ wenige Touristen in die Nationalparks, so dass die Belastung für diese Reservate der Wildnis geringfügig blieb. Zunehmende Freizeit und wachsende Motorisierung haben jedoch in den letzten Jahren die Besucherzahlen drastisch in die Höhe schnellen lassen. Sollen die Naturschätze der Parks den nachfolgenden Generationen erhalten bleiben, so müssen wir lernen, sie zu achten und zu pflegen.

Da Kanadas Nationalparks, wie bereits erwähnt, ein sehr beliebtes Reiseziel darstellen und für den Besuchern ganzjährig ein hohes Angebot an Aktivitäten zur Verfügung gestellt wird, geht es im Folgendem, dieser Hausarbeit, um den Massentourismus und die nachhaltige Entwicklung in den Nationalparks.

Um diese Betrachtungen anstellen zu können, müssen die Begriffe Tourismus und nachhaltige Entwicklung definiert werden.

1.1 Tourismus und Nachhaltigkeit

Zunächst werden die Begriffe Tourismus und Nachhaltigkeit erklärt.

Definition Tourismus

„Tourismus ist die Tätigkeit von Personen, die zu Orten außerhalb ihrer gewohnten Umgebung reisen und sich dort höchstens ein Jahr lang zu Urlaubs-, geschäftlichen oder anderen Zwecken aufhalten."[2]

---

[1] J. F. Boden, 1984

[2] http://www.geogr.uni-goettingen.de, 08.01.2009

Tourismus ist eine Unterkategorie des Reisens, wenn Reisen im weitesten Sinne als Bewegung von einem Ort zum anderen verstanden wird. Der Tourismus erfasst den weltweiten Reisemarkt innerhalb des allgemeinen Rahmens der Mobilität der Bevölkerung und der Bereitstellung von Dienstleistungen für Gäste. Außerdem bezeichnet der Tourismus die Praxis des Reisens außerhalb des gewöhnlichen Lebensumfelds einer Person zu allen Zwecken, ausgeschlossen unfreiwillige Reisezwecke wie: ärztlich verordnete unfreiwillig Krankenhausaufenthalte, oder Aufenthalte in anderen medizinischen Einrichtungen, Gefängnisaufenthalte und die Ableistung der Wehrpflicht bzw. des Zivildienstes.[3]

Definitionen von Nachhaltigkeit[4]

Der Begriff der Nachhaltigkeit gilt seit einigen Jahren als Leitbild für eine zukunftsfähige Entwicklung ("sustainable development") der Menschheit. Insbesondere die Agenda 21 und die Lokale Agenda 21 setzen zur Lösung gegenwärtiger und zukünftiger Umweltprobleme auf das Prinzip der Nachhaltigkeit. Es hat einige Jahre intensiver Vorarbeit bedurft, um sich auf dieses Leitbild weltweit zu verständigen. Noch schwieriger erscheint es, die daraus erwachsenden Anforderungen zu konkretisieren und diesen gerecht zu werden. Künftig soll sich also alles Wirtschaften unter Berücksichtigung ökonomischer und sozialer Dimensionen an den Grenzen der Tragfähigkeit des Naturhaushaltes orientieren. Aber gibt es wirklich *die* Nachhaltigkeit, was wird darunter verstanden und was versteht man unter einer nachhaltigen Entwicklung? Der Begriff "sustainable development" wird im Deutschen zumeist mit "nachhaltiger Entwicklung" übersetzt. Weitere Übersetzungen, die in der Literatur verwendet werden, sind

- dauerhaft umweltgerechte Entwicklung
- umweltgerechte Entwicklung
- ökologisch-dauerhafte Entwicklung
- zukunftsverträgliche Entwicklung
- nachhaltig zukunftsverträgliche Entwicklung
- zukunftsfähige Entwicklung.

---

[3] http://www.bfn.de/0323_iye_nachhaltig.html, (08.01.2009)

[4] http://www.nachhaltigkeit.info, (08.01.2009)

Um näher auf die Nationalparks Banff und Jasper eingehen zu können, wird zunächst auf die Lage der Jeweiligen anhand zweier Karten hingewiesen.

1.2 Geographische Lage und Klima

Die Nationalparks Banff und Jasper liegen im Westen des kanadischen Staates Alberta (in Abb.1, rot markiert), an der Grenze zu British Columbia in den kanadischen Rocky Mountains. Die Stadt Banff liegt 130km nordwestlich von Calgary, 850km nordöstlich von Vancouver und die Distanz zwischen Banff und der Stadt Jasper im Norden beträgt 287km. Von Jasper sind es 384km in östlicher Richtung bis Edmonton. [5]

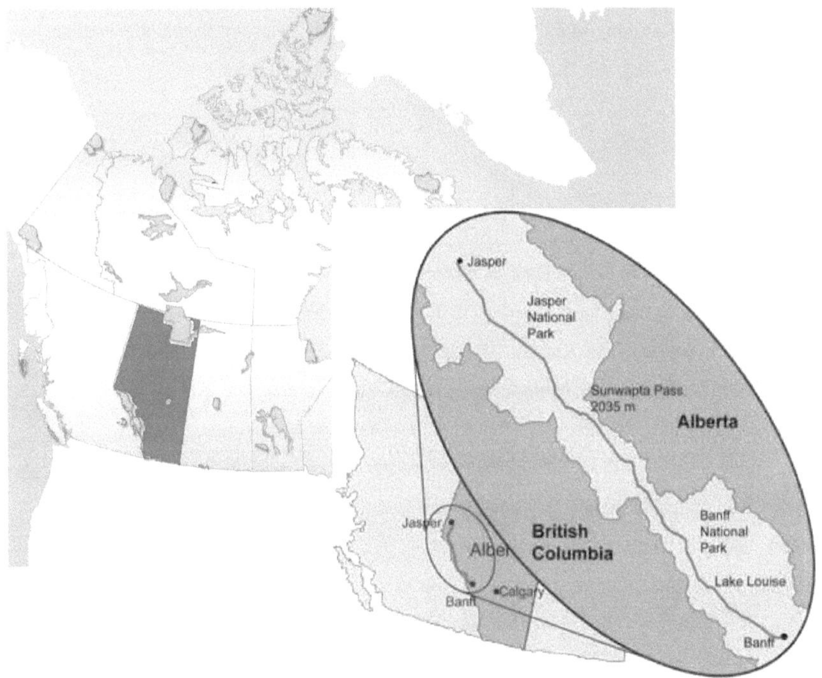

(Abb.1: Karte von Kanada,[6]; Abb.2:Lage der Nationalparks Banff und Jasper in Alberta[7])

---

[5] J. F. Boden, 1984

[6] http://upload.wikimedia.org/wikipedia/commons/thumb/9/94/Canadian_National_Parks_Location.png/238px-Canadian_National_Parks_Location.png (leicht verändert)

[7] www.freewheeling.ca/tours/maps/oldmaps/jasper.jpg (08.01.2009)

Im Hochsommer bestimmt zumeist ein strahlend blauer Himmel die Gegenden um Banff und Jasper, trotz Tagestemperaturen von +23°C muss jedoch jederzeit, selbst in den heißesten Sommermonaten, mit kurzen Schneefällen bis ins Tal gerechnet werden. Die Temperaturunterschiede sind sehr extrem, bei strahlendem Sonnenschein und Temperaturen über 20°C am Tage, fallen diese in den Abend- und Nachtstunden auf Temperaturen um den Gefrierpunkt. Ab Anfang September muss man in den Rocky Mountains mit Nachtfrost rechnen, die Tage und die Luft sind, aufgrund der niedrigen Temperaturen, sehr klar und der Herbst verwandelt die kanadische Landschaft in eine prachtvolle Farbenpalette. Die Wintersportsaison beginnt im November und dauert bis Ende März. Da der Winter in den kanadischen Rockies sehr trocken ist, empfindet man Temperaturen von -10°C oder -20°C nicht als unangenehm. Anfang Mai beginnt der Frühling sich langsam gegen die weißen Schneemassen durchzusetzen, mit ähnlichen Temperaturen wie im Herbst.[8]

2. Nationalpark

Der Nationalpark ist das wohl bekannteste Schutzgebiet und profitiert nicht selten im
Bezug auf die touristische Nachfrage von diesem Titel. Es existieren weltweit um die
1500 Nationalparks, davon 43 in Kanada. 1872 entstand der erste Nationalpark der Welt in den USA, der Yellowstone Nationalpark. Und schon 1885 folgten die Kanadier mit der Gründung des Banff Nationalparks.
Die IUCN (International Union for Conservation of Nature and Natural Ressources) Definition des Nationalparks ist sehr umfänglich und lautet abgekürzt folgendermaßen:
"Sie dienen dem Schutz von herausragenden biologischen oder landschaftlichen Besonderheiten für wissenschaftliche Zwecke, Umweltbildung und Tourismus. Anderweitige Nutzung ist stark eingeschränkt, und Siedlungen sind in der Regel verboten. Nationalparks werden durch die höchste Naturschutzinstitution verwaltet."[9]
Die Definition ist nicht immer sehr klar verfasst und lässt in einzelnen Gebieten recht viel Spielraum. Grundsätzlich sind nämlich Landwirtschaft, Jagd, Fischfang, Holzgewinnung, Errichtung von öffentlichen Gebäuden usw. verboten. So wären eigentlich auch Siedlungen

---

[8] M. Ritter, 1982

[9] Ellenberg, 1997, S.18

innerhalb der Parks untersagt, falls sie aber von „historischer oder archäologischer Bedeutung" sind, werden sie toleriert. Die Flächen dürfen keinen herausragenden Teil der Gebiete einnehmen und den wirksamen Schutz der verbleibenden Flächen nicht beeinträchtigen.[10]

Vorschriften gibt es viele, eingehalten werden sie nur zum Teil. Auch der Banff/ Jasper Nationalpark mit den Gemeinden Banff, Jasper und der vierspurigen Autobahn passen nicht nahtlos in diese Definition. Trotzdem wurden sie mit einigen „Wenn" und „Abers" akzeptiert. Schlussendlich wird die Verwaltung und Regelung der Nationalparks, trotz dieser Definition, der Regierung der jeweiligen Nation überlassen. Daraus folgt automatisch, dass die Nationalparks verschiedener Länder auch ganz unterschiedlich strenge Vorschriften zu erfüllen haben und erfüllen.

In den Folgenden Punkten werden die Nationalparks Banff und Jasper, sowie ihre Städte/ Gemeinden näher beschrieben.

2.1 Banff Nationalpark

(Abb.3: Moraine Lake)

„Canada´s first national park, Banff was established in 1885 and named for Banffshire, Scottland, the home of two Canadian Pacific Railway (CPR) financiers. Built around the thermal sulfur springs at what has become the Cave & Basin National Historic Site, Banff

---

[10] Walletschek, 1988, S.180

[11] http://www.lonelyplanetimages.com/enlargeImage.html , Moraine Lake (08.01.2009)

today covers 6641 sq km and is by far the best known and most popular park in the Rockies. With 25 mountains of 3000m or higher, Banff is world famous for skiing and climbing, though most visitors just come to view the astonishing scenery. The Town of Banff has a population of 7,500. "[12]

Um den Banff Nationalpark und dessen Schönheit zu veranschaulichen, folgen nun einige Bilder aus dem Repertoire der beliebtesten Anlaufpunkte des Parks.

(Abb.4: Peyto Lake and Mountains)

(Abb.5: Lake Louise and Glacier)

(Abb.6: Sundance Canyon)

(Abb.7: Wenkchemna Peaks)

Panoramen wie diese werden jährlich millionenfach besucht, Erläuterungen folgen in Kapitel3 (Folgen des Tourismus).

---

[12] Lonely Planet Canada, 2002

[13] http://www.lonelyplanetimages.com/enlargeImage.html, Peyto Lake and Mountains (08.01.2009)

[14] http://www.lonelyplanetimages.com/enlargeImage.html, Lake Louise and glacier (08.01.2009)

[15] Eigene Aufnahme 2007, Sundance Canyon, Banff Nationalpark

[16] http://www.lonelyplanetimages.com/enlargeImage.html, Wenkchemna Peaks (08.01.2009)

2.1.1 The Town of Banff

The Town of Banff wurde mehr als ein Jahrhundert lang von der Bundesregierung administriert, bis sie schließlich 1990 offiziell zu einer Gemeinde der Provinz Alberta ernannt wurde. Damit gingen praktisch alle Entscheidungen auf den neu ins Leben gerufenen Gemeinderat über. Nur für die umweltspezifischen Fragen ist immer noch *Parks Canada* (Eine kanadische Regierungsbehörde mit Hauptsitz in Ottawa, deren Aufgabe der Schutz und die Präsentation von national bedeutsamem Kulturbesitz und Naturerbe ist. Sie soll deren Verständnis und Würdigung in der Öffentlichkeit auf umweltverträgliche Weise und mit Blick auf deren Unversehrtheit und Vollständigkeit fördern.)[17] zuständig. Die vertraglichen Einzelheiten zwischen der kanadischen Regierung und der Provinz Alberta wurden im *Town of Banff Incorporation Agreement* festgelegt.[18]

(Abb.8: Town of Banff)

---

[17] www.pc.gc.ca,Parks Canada Agency Annual Report, 2003-2004, (08.01.2009)

[18] The Town of Banff, Community Plan S.1

[19] Town of Banff vom Sulphur Mountain (2285m), eigene Aufnahme 2005

Banff wurde somit zur einzigen rechtmäßigen Gemeinde innerhalb eines Nationalparks Eine Chance einerseits, doch auch eine Verpflichtung andererseits. Die Gemeinde muss weiterhin die Auflagen und Pflichten des *National Parks Act's* (eine Verordnung erlassen, um die Gebiete unter Schutz zu stellen). erfüllen. Dies erfordert eine sehr enge und gute Zusammenarbeit zwischen dem Gemeinderat und *Parks Canada*. Die Tourismus *Heritage Strategy* kann als eines der ersten gemeinsamen Kinder betrachtet werden und zeigt deutlich den Kooperationswillen beider Partner.[20]

2.2 Jasper National Park

(Abb.9: Athabasca Falls) [21]

"Jasper National Park is the largest of Canada's Rocky Mountain Parks and part of the UNESCO World Heritage Site. Jasper spans 10,878 sq km (4200 square miles) of broad valleys, rugged mountains, glaciers, forests, alpine meadows and wild rivers along the eastern slopes of the Rockies in western Alberta. Jasper Nationalpark was established in 1907. There are more than 1200 km (660 miles) of hiking trails (both overnight and day trips), and a number of spectacular mountain drives. The Town of Jasper has a population of 4,700.

Jasper joins Banff National Park to the south via the Icefields Parkway. The Columbia Icefield borders the parkway in the southern end of the park. Large numbers of elk, bighorn sheep, mule deer and other large animals, as well as their predators make Banff- and Jasper National Park one of the great protected ecosystems remaining in the Rocky Mountains. This

---

[20] Canadian Parks Service, 1997

[21] http://www.purkisfamily.org/.../1/Athabasca%20Falls.JPG , (08.01.2009)

vast wilderness is one of the few remaining places in southern Canada that is home to a full range of carnivores, including grizzly bears, mountain lions, wolves and wolverines."[22]

Auch der Jasper Nationalpark steht der Schönheit des Banff Nationalpark in nichts nach, somit werden auch hier wieder ein paar Beispiele anhand von Bilder aufgezeigt, um den Tourismus Boom, auf den wenig später eingegangen wird, zu erklären.

(Abb.10: Mount Alberta und „Nachbarn")

(Abb.11: Spirit Island)

(Abb.12: The twins)

(Abb.13: Tangle falls)

Wie bereits unter Punkt 2.1 erwähnt, folgen auch hierzu Erläuterungen im Kapitel3 (Folgen des Tourismus).

---

[22] http://www.pc.gc.ca/pn-np/ab/jasper/visit/visit42_E.asp , (08.01.2009)

[23] http://www.lonelyplanetimages.com/enlargeImage.html, (08.01.2009)

[24] http://www.reiserat.de/img/reiserat/kanada-maligne-lake-spirit-island-jasper-national-park.jpg, (08.01.2009)

[25] http://www.borealphoto.com/photos/270925567_ZvG6E-M.jpg, (08.01.2009)

[26] http://www.terragalleria.com/images/canada/caab33755.jpeg, (08.01.2009)

2.2.1 The Town of Jasper

Die Ortschaft Jasper liegt inmitten des breiten Athabasca- Tales, welches während der Eiszeit von den langsam gleitenden Eismassen geweitet und vertieft wurde. Zwei gigantische Gletscher trafen sich hier. Einer wälzte sich durch das Tal, in dem heute der Miette River sein Bett hat. Er kam vom Yellowhead- Pass und schob sich ostwärts, und zwar durch dieselben Täler, durch die sich heute der Yellowhead Highway windet. Der zweite Gletscher drängte sich träge vom Südende des Nationalparks nach Norden, entlang der Route des jetzigen Icefields Parkway, bis er auf den zuerst genannten Gletscher stieß. Das Zusammentreffen dieser beiden Eisgiganten fand etwa in dem Bereich statt, wo sich heute Jasper befindet.[27]

(Abb.14: Town of Jasper)

Jasper sowie auch Banff, sind die Größten Dreh- und Angelpunkte der beiden Nationalparks. Nahezu jeder Besucher der Parks stoppt hier, oder startet die Besuche der Sehenswürdigkeiten von diesen Punkten aus.

---

[27] M. Ritter, 1982

[28] http://www.pc.gc.ca/docs/v-g/jasper/plan/images/jasper-town_2645.jpg, (08.01.2009)

3. Folgen des Tourismus im Banff/ Jasper Nationalpark

Allein das Wort Nationalpark zieht Touristen magisch an, so auch in Banff und Jasper. Somit werden in den Haupmonaten Besucherzahlen von über 50.000/ Tag (Neuankömmlinge) gezählt.[29] Diese Tatsache kann ohne ein gut abgestimmtes Management fatale Folgen für ein Naturhabitat haben. Im folgenden wird auf die möglichen Folgen näher eingegangen.

Bei der Suche nach Statistiken über Logiernächte oder Parkeintritte musste ich bald einmal feststellen, dass nicht alle Nationen die Führung von Statistiken sehr ernst nehmen. Die Besucherzahlen der Parks werden erst seit 1997/98 nach einheitlichen Kriterien registriert. Alle älteren Statistiken sind also mit Vorsicht zu genießen und ich musste mich mit einigen vagen Zahlen aus verschiedenen zusammengetragenen Quellen zufrieden geben.

3.1 Die touristische Entwicklung

1888 wurde das erste Hotel, das namenhafte *Banff Springs Hotel*, errichtet und auch die erste Unterkunftsmöglichkeit in Lake Louise ließ nicht lange auf sich warten. Die *Canadian Pacific Railway* holte Schweizer Bergführer ins Land, die die umliegende Berglandschaft erkundeten. Der eigentliche Aufschwung fand aber um 1911 statt, als es möglich wurde, mit dem Auto von Calgary nach Banff zu fahren. Bis zu diesem Zeitpunkt war der Park nur mit der Bahn zugänglich. Die Erschließung weiterer Gebiete des Parks folgte im Eiltempo. Heute reisen 92% aller Besucher mit dem Auto an.[30]

Ab dem Jahre 1900 wurde ebenfalls versucht, den Wintertourismus anzukurbeln: Curling und Skifahren wurden lanciert. Der erste Sessellift wurde 1948 erbaut und 1959 folgte die erste Gondel, die zum Skigebiet in Lake Louise führte. Jetzt zählt der Banff National Park drei hervorragende Skigebiete. Doch die Destination blieb bis zum heutigen Tage eher sommerlastig.[31]

(Vgl. Abb.15, nächste Seite)

---

[29] S. Loose, 2005

[30] www.banfflakelouise.com, (08.01.2009)

[31] Lothian, 1987, S.36

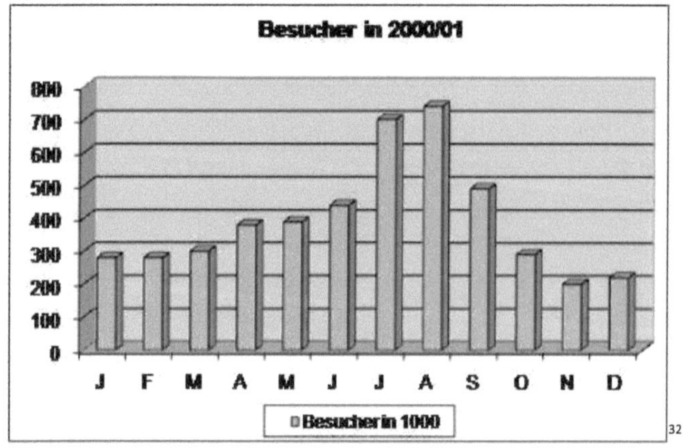

(Abb.15: Besucher/ Monat)

Ungefähr 80% aller Besucher des Banff/ Jasper National Parks besichtigen während ihres Aufenthaltes auch die Städte Banff und Jasper. Seit 1950 konnte ein jährliches Wachstum von 5.5% verbucht werden. Wenn dies so weitergehen würde, hätten Banff und Jasper im Jahre 2020 19.1 Millionen Touristen.[33] Der Report erkennt, dass eine solche Entwicklung aus ökologischer und gesellschaftlicher Sicht nicht weiter tragbar ist und die Grenzen bereits heute überschritten sind (Wie in Abb.16 veranschaulicht).

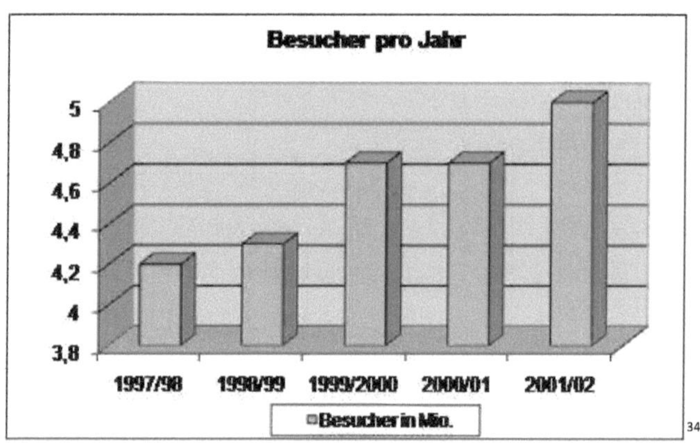

(Abb.16: Besucherentwicklung des Banff Nationalpark)

---

[32] http://www.pc.gc.ca/pn-np/ab/banff/index_E.asp, (08.01.2009)

[33] The Town of Banff, Sustainability Report, S.30f

[34] http://www.pc.gc.ca/pn-np/ab/banff/index_E.asp, (08.01.2009)

Manche Statistiken aus früherer Zeit nahmen das Kalenderjahr als Basis, andere wiederum beliefen sich von März zu März. Dies macht es unmöglich, die verschiedenen Statistiken direkt zu vergleichen. Für die Zukunft und die Genauigkeit dieses Indikators, muss unbedingt die Führung der Statistiken verbessert werden. Die Tagestouristen müssen ebenso erfasst werden, sowie die Passanten.

Die Zahl grundlegender Dienstleistungen blieb seit 1990 stabil oder stieg sogar leicht an. Es wurde klar zwischen den Dienstleistungen für Touristen und Einheimische unterschieden. Einzelne Zahlen wecken Besorgnis: So sind zum Beispiel die Anzahl der Läden zwischen 1990 und 1999 von 160 auf 250 angestiegen. Die Restaurants haben sich während dieser Zeit von 60 auf 118 verdoppelt.[35]

Das Verkehrsvolumen in den gesamten Nationalparks und auch in Banff und Jasper nimmt bedenkliche Formen an. In Schätzungen wird vermutet, dass vom April 1999 bis März 2000 in die Gemeinde Banff und Jasper 2.1 Millionen Fahrzeuge einfuhren. Das entspricht 5.710 Fahrzeugen pro Tag. Dieser Indikator ist eindeutig nicht nachhaltig und der Trend zeigt keine Wende. Seit 1997/98 stieg das Verkehrsvolumen nämlich um 9.6% an.[36]

Auch beim Verkehrsvolumen kann man sich vorläufig nur auf Schätzungen berufen. Diese stimmen aber sehr bedenklich und sind in keiner Art und Weise vertretbar. Zum einen verursacht eine solche Blechlawine einen erheblichen Anstieg des Lärmpegels, zum anderen bedeuten die giftigen Emissionen eine enorme Belastung für die Natur. Dies kann eine Zerstörung des natürlichen Kreislaufes zufolge haben, was wiederum bedeutet, das Pflanzen, wie auch Tiere, welche voneinander abhängig sind, Einbußen in ihrer Artenvielfalt sowie in ihrer Erhaltung erleiden.

Das Banff/Lake Louise Tourismusbüro wurde 1992 als nonprofit Marketingorganisation gegründet. Ihre Aufgabe ist es, den Banff National Park als Ganzjahresdestination zu vermarkten und somit zu dessen wirtschaftlichen und sozialen Wachstum beizutragen. Sie setzen Akzente auf den Freizeit- aber auch den Geschäftstourismus. Nicht selten stehen die Aktivitäten der Organisation im Kontrast zum Umweltschutz.

Um diese Problemen in den Griff zu bekommen, werden in Kapitel 3.1.1 einige Lösungsansätze beschrieben.

---

[35] The Town of Banff, Sustainability Report, S.32f

[36] The Town of Banff, Sustainability Report, S.58f

3.1.1 Management des Tourismus

Mit der *Heritage Tourism Strategy*[37] , die von *Parks Canada* zusammen mit dem *Town of Banff Council* erarbeitet wurde, startete man einen ersten Versuch, den Tourismus in neue Bahnen zu lenken. Die Tourismusstrategie hat eine Neupositionierung des gesamten Tourismusangebotes zur Folge: Der Banff- und der Jasper Nationalpark setzten in Zukunft auf einen Tourismus voller Erholung und Erlebnis, der auf die natürlichen, kulturellen und historischen Besonderheiten der Gegend fokussiert ist. Das Hauptziel dieser Strategie ist der Umweltschutz und damit die Einhaltung der nachhaltigen Entwicklung. Die neue Philosophie soll eindrücklich vermittelt werden, so dass der Besucher schon vor seiner Anreise weiß, was ihn erwartet und mit einer dementsprechenden Haltung in den Park kommt.

Die Strategie bedeutete einen vielversprechenden Neuanfang und hat sicherlich gute Ansätze. Leider wurde sie seit dieser erstmaligen Veröffentlichung nicht entsprechend weiterentwickelt und steckt immer noch in den Kinderschuhen. Auch hier fehlen die konkreten Projekte und Ideen, die eine glaubhafte Neupositionierung zum *Heritage Tourism* automatisch verlangt hätte.

Der Banff-, sowie der Jasper Nationalpark braucht ein neues Tourismuskonzept, das die nachhaltige Entwicklung der Parks so wenig wie nur möglich beeinträchtigt. Mit der zuvor ausführlich erläuterten *Heritage Tourism Strategy* wurden bereits anfängliche Schritte in Richtung Umweltschutz unternommen. Um eine glaubhafte Neuorientierung zu erreichen, braucht es einiges mehr, als ein paar gute Grundsätze. Die Gemeinden Banff und Jasper, die laut dem *Sustainability Report* nicht den Prinzipien der nachhaltigen Entwicklung entsprechen, sind die eigentlichen Problemherde. Auf dieser Ebene müssen die Verbesserungen auch stattfinden.

In der Folge wird das ausgearbeitete Tourismuskonzept mit konkreten Verbesserungsvorschlägen auf der Ebene des Marketings, der Angebotsgestaltung und der Umweltpolitik präsentiert. Das Konzept legt großen Wert auf konkrete Maßnahmen, die auch direkte Wirkung zeigen.

Der Anfang sollte mit einer glaubhaften Neupositionierung geschehen. Das Leitbild des Tourismusangebotes besteht seit 1930 und heißt National Parks Act (Vgl. Kapitel 2.1.1), dessen Umsetzung aber in der Vergangenheit sehr locker gehandhabt wurde. Weil die frühere

---

[37] Canadian Parks Service, S.34ff

Parkleitung sich zu stark auf den Tourismus beschränkte und den Umweltschutz bitter vernachlässigte, hat sich das Image des Parks auch dementsprechend entwickelt. Der Park ist bekannt als Freizeit- und Erholungsraum, dass es aber auch ein Naturschutzgebiet mit vielen Einschränkungen ist, davon ist wenig publik.

Jeder Besucher hat die Pflicht, die Gebote und Verbote des Parks (Vgl. Kapitel 3.2) zu respektieren. Damit er das aber kann, muss er auch darüber Bescheid wissen. Der Besucher wird bis dahin praktisch nicht über das vorbildliche Verhalten im Park informiert.

Die Prinzipien des Managements haben sich im Laufe der Zeit gewandelt und sie sind sich ihrer umweltschützerischen Verpflichtung bewusst geworden. Die Besucher müssen jedoch mitziehen, nur so kann ein erfolgreiches Umweltmanagement betrieben werden.

Der Banff National Park besitzt national schon einen hohen Bekanntheitsgrad. Zwei Drittel aller Besucher der kanadischen Rockies stammen aus Kanada. Die meisten, nämlich 55% aus Alberta. Die US-Besucher machen einen Anteil von 17% aus und die restlichen 18% stammen aus Übersee.[38]

Der Hauptanteil besteht also ganz klar aus Einheimischen. Beim nationalen Marketing geht es also nicht darum, den Bekanntheitsgrad zu steigern, sondern die Neupositionierung muss publik gemacht werden.

Auf internationaler Ebene ist es schwierig, sich zu differenzieren, die Besucher häufen sich. Die meisten Überseebesucher besuchen die Rocky Mountains anlässlich einer Rundreise durch den Westen Kanadas, oder sogar durch ganz Kanada. Sie bleiben dementsprechend auch nur zwei bis drei Tage in den Nationalparks. Hier müsste ein Mittel gefunden werden, die internationalen Gäste zu einem längeren Wanderurlaub in schönster Natur anzuregen. Durch längere, intensivere Naturerlebnisse könnte Besucher die Natur mehr zu schätzen lernen, „asiatischer- und amerikanischer Bustourismus" (bis zum Ziel fahren, austeigen, Fotos machen, einsteigen) würde auf ein Minimum reduziert und somit käme es dem Ruf der Parks, sowie der Natur zugute.

Die öffentlichen Verkehrsmittel im Park, aber auch die Angebote um in die Parks zu gelangen, sollten ausgebaut werden. Der Anteil der Besucher, die mit dem Auto anreisen, liegt mit 90% eindeutig zu hoch.[39] Mit einem besseren Angebot an Bussen und Zügen, die den

---

[38] www.alberta-canada.com, (08.01.2009)

[39] www.banfflakelousie.com, (08.01.2009)

Zugang zum Park gewährleisten und auch das Bewegen innerhalb des Parks gestatten, könnte die Umweltbelastung durch Abgase und Lärm eindeutig vermindert werden. Erste Schritte in diese Richtung sind mit den bereits existierenden Busunternehmen *Greyhound* und *Parktours* realisiert. Busunternehmungen wie die *Greyhound*-Busgesellschaft, bieten viermal täglich einen preiswerten Transfer von Vancouver oder Calgary in die Parks an.[40]

Somit könnten auch diejenigen Touristen, die lieber individuell als mit einer Reisegruppe unterwegs sind, von diesem Transferservice profitieren und sich dann innerhalb der Parks mit den Shuttle-Bussen (*Parktours*) fortbewegen. Die Stadt Banff besitzt beispielsweise ein Ortsbussystem, das bis hinauf nach Lake Louise verkehrt. Dieses System könnte soweit ausgebaut werden, sodass die an den Hauptstraßen gelegenen Sehenswürdigkeiten zugänglich gemacht würden. Dies müsste natürlich in regelmäßiger Häufigkeit geschehen. Der Preis müsste so angesetzt werden, dass das Busfahren günstiger wird, als die Reise mit dem Auto. Die Autofahrer ihrerseits sollten mittels Parkgebühren vermehrt zur Kasse gebeten werden. Die meisten Parkplätze stehen bis heute kostenlos zur Verfügung.

3.2 Auswirkungen auf die Umwelt

Der vermehrte Tourismus hat gravierende Folgen für die Umwelt, die sich an vier Indikatoren messen lassen.

Ein Indikator für die Belastung der Natur ist die Luftqualität, bis zum heutigen Tage existieren aber noch keine Werte. Die Messungen wurden über Jahrzehnte vernachlässigt. Das einzige, was sich jetzt schon vermuten lässt, ist die wahrscheinliche Verschlechterung der Luftqualität, verursacht durch eine Zunahme von Besuchern und Einwohnern. Dies muss jetzt also dringendst nachgeholt werden. Es wird sehr viel Zeit vergehen, bis die ersten Trendmeldungen erstellt werden können.

Der Indikator Umweltgefährdung umschließt die Abfallregelung, die Haltung von Haustieren und das Zugangsverbot des Middle Springs Wildlife Corridors. 1999 wurden 250 Fälle von falscher Abfalllagerung bekannt, in 441 Fällen wurden Haustiere verbotenerweise ohne Leine herumgeführt und in sieben Fällen betraten Unbefugte das Gelände des *Middle Springs Wildlife Corridors* (Ein Gebiet, welches das Betreten von Menschen verbietet, um den dort lebenden Tieren die Möglichkeit des natürlichen „Wanderns" zu ermöglichen. Dies ist für die

---

[40] www.greyhound.com, (08.01.2009)

natürliche Vermehrung verschiedener Herden/ Rudeln sehr wichtig, um die Gesundheit der Art zu erhalten.).[41] Hier wurde eindeutig ein Negativtrend festgestellt.

Bei der Abfalllagerung müssen ganz spezielle Vorschriften beachtet werden. Bei falscher Lagerung werden wilde Tiere, wie zum Beispiel Bären, angelockt und somit ergibt sich für Mensch und Tier ein erhöhtes Risiko.[42] Wodurch sich das Risiko mehrt, dass Menschen von Tieren angegriffen werden.

Das verschmutzen der Umwelt kann mit hohen Strafen geahndet werden, denn spezielle, für Tiere nicht zu öffnende Müllvorrichtungen (siehe Abb.17 bis 19) sind vorhanden.

(Abb. 17, 18, 19: Mülleimer mit speziellem Öffnungsmechanismus, der Müll ist für Tieren nicht erreichbar)

Leider fehlen auch bei dem Indikator „Lärm" die relevanten Daten. Es wurde aber in den vergangenen Jahren ein wachsendes Problem bezüglich des Nachtlärms festgestellt. Für die Zukunft will man vor allem in Banff und Jasper den Lärmpegel aufzeichnen lassen, da der Lärm auf die Lebensqualität und das Verhalten der Tiere Einfluss nimmt.

Qualität des Flusswassers:

Das Wasser des Bow Flusses wird systematisch vom *Inland Waters Directorate of Environment Canada* einer Reihe von physikalischen und chemischen Tests unterzogen. Bereits seit 1980 wird versucht das Problem Abwasser mit der Aufwertung des *Waste Water Treatment Plant* zu mindern. Der Bakteriengehalt des Wassers liegt aber trotz dieser Maßnahmen immer noch über der Schadstoffgrenze für Trinkwasser. Auch der Phosphor- und

---

[41] http://www.pc.gc.ca/pn-np/ab/banff/plan/plan13_e.asp, (08.01.2009)

[42] The Town of Banff, Sustainability Report, S.44f

[43] www.google.de/images, (08.01.2009)

[44] www.google.de/images, (08.01.2009)

[45] http://www.pc.gc.ca, (08.01.2009)

Sodiumbestand bietet Anlass zur Sorge.[46] Im Gegensatz zu den anderen Indikatoren, wurden auch schon in der Vergangenheit sehr genaue Aufzeichnungen der Wasserqualität des Bow-Rivers gemacht. Dies erlaubt eine exaktere Interpretation mit entsprechenden Maßnahmen.

3.2.1 Management der Umweltprobleme

Rückbesinnung auf den Umweltschutz-

die Periode zwischen 1960 und 1970 charakterisiert ein enormes Wachstum des Tourismus mit kontinuierlicher Entwicklung und Ausbau der Infrastruktur. Mit der Anzahl der Touristen wuchs aber die Besorgnis über den „Gesundheitszustand" der Parks und die Leute begannen, diese enorme touristische Entwicklung zu hinterfragen. *Parks Canada* sah sich veranlasst, ein weiteres Reglement herauszugeben, dass die nachhaltige Entwicklung von Banff und Jasper hervorheben sollte: Die *Parks Canada Policy*.[47] (Ziel: Die Verwaltung von kulturellen Ressourcen von *Parks Canada,* in Einklang mit den Grundsätzlichen Werten, der öffentlichen Nutzung, Verständnis, Respekt und Integrität.) Doch auch dieses weitere Dokument konnte sich bei den Tourismusprofiteuren nicht durchsetzen und die Ausbeutung, wie z.B., der Natur nahm ihren Lauf. Wer in der heutigen Zeit für das Management des Parks verantwortlich ist, und wie diese den Konflikt zwischen Umweltschutz und Tourismus zu lösen versuchen, wird in den folgenden Absätzen erörtert.

Parks Canada ist eine staatliche Organisation, deren Vorsitz aus dem *Minister of Canadian Heritage* besteht. Neben einigen kleineren Aufgaben ist *Parks Canada* hauptsächlich für das Management der Naturschutzgebiete wie Nationalparks, der National Historic Sites und der Nationalen Marineschutzgebiete verantwortlich. Dies schließt auch das Management des Banff Nationalparks und des Jasper Nationalparks mit ein.[48]

Gebote und Verbote (wie in Kapitel 3.2 bereits erwähnte) sind gerade in Naturschutzgebieten die meistgebrauchten Instrumente. Die Parkleitung muss auf die Eigenverantwortung der Touristen zählen können, da es unmöglich ist, in diesen weiten Gebieten eine umfassende Kontrolle durchzuführen. Die Gebote und Verbote wenden sich aber nicht nur an die Touristen, sondern in gleichem Maße an die Einheimischen, die sich im Privatleben wie auch

---

[46] The Town of Banff, Sustainability Report, S.52f

[47] Dearden, S.243f

[48] www.parkscanada.ca, (08.01.2009)

in der Geschäftswelt daran zu halten haben. Auch hier ist Eigenverantwortung der Schlüssel zum Erfolg. Schließlich hängt ihre Lebensgrundlage vom Zustand des jeweiligen Parks ab.

Der kanadische Premierminister Jean Chrétien verkündete im Herbst 1996 anlässlich des World Conservation Congress: "We are determined to protect the ecological integrity of Banff for Canadians and the citizens of the world – forever."[49] Der Park hat sich aus bereits erwähnten Gründen etwas zum Sorgenkind der Regierung entwickelt und braucht deshalb mehr an personellem wie auch finanziellem Aufwand. Alleine in die *Banff-Bow Valley Studie* wurden zwischen 1994 und 1997 2.6 Millionen CAD (Kanadische Dollar) investiert.[50] Diese wird im nächsten Kapitel vorgestellt.

3.2.2 Die Banff-Bow-Valley Studie

Das Banff-Bow Valley ist die Hauptachse des Banff National Parks. Der Bow Fluss entspringt etwas nördlicher von Lake Louise beim Wapta Icefield. Am Anfang der 90er Jahre stieg die Sorge um die ökologische Integrität des Banff National Parks. Zu lange hatten sich die Verantwortlichen nur um den Tourismus gekümmert. Der damalige *Minister of Canadian Heritage* Michel Dupuy erkannte, dass die nachhaltige Zukunft des Parks gefährdet war, und beauftragte im März 1994 die *Banff-Bow Valley Study*. Ihre Aufgabe war es, die durch Entwicklung und Benutzung verursachten ökologischen Auswirkungen auf die Natur des Banff-Bow Tales einzuschätzen. Der endgültige technische Bericht *At the Crossroads* wurde am 7. Oktober 1996 von Sheila Copps, der heutigen *Minister of Canadian Heritage*, gutgeheißen.[51]

[52] (Abb.20: Bow River, Bow Valley)

---

[49] Canadian Parks Service, 1997

[50] www.pch.gc.ca, (08.01.2009)

[51] Dearden, S.241f

[52] Bow Valley, http://image54.webshots.com/154/1/36/39/427613639ZoCdRh_fs.jpg, (08.01.2009)

Parks Canada führte die Studie nicht selber aus, sondern vergab den Auftrag an eine nichtstaatliche Gruppe von Wissenschaftlern, die sogenannte Task Force. Sie bestand aus Spezialisten aus den Gebieten Ökologie, Tourismus, öffentliche Polizei und Management. Die Task Force definierte die drei Hauptziele der Studie folgendermaßen:[53]

• Entwickeln einer Vision für das Banff-Bow Valley, die ökologische, soziale
  und ökonomische Werte integriert

• Analyse von existierendem Informationsmaterial und Hilfe leisten für zukünftige
  Studien und Informationssammlungen

• Entwicklung des *Human Use Managements* auf eine Art und Weise, die eine
  nachhaltige Entwicklung gewährleistet

Die *Task Force* wies nachdrücklich auf die Wichtigkeit der Zusammenarbeit aller Beteiligten hin, falls man eine erfolgreiche Problembekämpfung anstreben wolle. Als eine der ersten Maßnahmen riefen sie den *Round Table* ins Leben, eine zusammengewürfelte Interessensgemeinschaft, die sich aktiv an der Studie beteiligen konnte. Die Beteiligung geschah ehrenamtlich.[54] Ihre Ideen, Vorschläge und Entscheidungen kurz zusammengefasst:

Table 5 Respondents' views concerning the desirability of different approaches to manage visitation levels: 1996 to 2000

- Auctions of Access
- Limit Parking
- Restrict Accommodations
- Impose Tolls
- Temporary Permits
- Temporary Closures
- Booking Limits [55]

Nach mehr als zwei Jahren harter Arbeit übergab die *Task Force* der kanadischen Regierung einen 400 Seiten langen Bericht mit mehr als 500 Handlungsempfehlungen. Hier sind die wichtigsten Schlussfolgerungen der *Banff-Bow Valley Study* kurz dargestellt:[56]

---

[53] Banff-Bow Valley Task Force, 1996, S.12

[54] Banff-Bow Valley Task Force, 1996, S.10

[55] http://raysweb.net/banff/pages/bowstudy.html, (08.01.2009)

[56] Dearden, 2002, S.252f

Der Banff National Park hat enorme Schwierigkeiten bei der Durchsetzung und Umsetzung der Regeln im *National Parks Act* und auch in der *Parks Canada Policy*. In beiden Dokumenten wird die ökologische Integrität des Parks verlangt, diese wurde jedoch und wird immer noch in steigendem Maße komprimiert. Die Wachstumsbegrenzung muss noch strikter gehandhabt werden und es braucht effektivere Methoden, um *Human Use* zu lenken und zu managen. Außerdem beinhaltet der Park einige Anomalien wie den Trans-Canada Highway, die *Canadian Pacific Railway* und den Staudamm vom *Minnewanka Lake*. Die *Task Force* schlägt eine Neupositionierung des Tourismus vor. Der Tourismus muss die Werte des Parks widerspiegeln und dem Gast ein völlig neues Ferienerlebnis im Einklang mit der Natur vermitteln. Neue Einrichtungen müssen in der Zukunft außerhalb der Parkgrenzen aufgestellt werden. Sowohl Besucher wie auch Bewohner des Banff National Parks sollten besser über die Entscheidungen *Parks Canadas* informiert werden, mit dem Ziel ein neues Umweltbewusstsein zu schaffen, denn Transparenz bringt Vertrauen und darauf folgen Taten. Außerdem wird eine Überarbeitung des seit 1988 bestehenden *Banff National Park Management Plans* und des *General Municipal Plans* verlangt.

Laut der *Banff-Bow Valley Studie* ist es noch nicht zu spät für ein Umdenken, aber allerhöchste Zeit. Die Akzeptanz der Arbeit ist nicht bei allen Beteiligten gleich hoch. *Parks Canada* nimmt die Warnung der *Task Force* sehr ernst und will die Studie als Managementinstrument für die nächsten Jahrzehnte einsetzen. Auf der anderen Seite sind Tourismusvertreter wie die *Association for Mountain Parks Protection and Enjoyment* (AMPPE) sehr skeptisch über das Ausmaß der entwicklungshemmenden Maßnahmen.[57] (Vgl. *Banff Nationalpark Management Plan*.)

Falls bei den Leistungsträgern des Tourismus nicht ein baldiges Umdenken stattfindet, wird *Parks Canada* es sehr schwer haben, die empfohlenen Maßnahmen der Studie auszuführen. Es muss unbedingt eine gemeinsame Basis gefunden werden, damit alle am gleichen Strick ziehen.

Nach der Empfehlung der *Banff-Bow Valley Study* wurde im April 1997 der *Banff Nationalpark Management Plan* veröffentlicht. Der Plan besitzt für 15 Jahre Gültigkeit, wird aber jeweils nach fünf Jahren revidiert. Der Inhalt besteht aus Zielbeschreibungen und den dazugehörigen Maßnahmen in den Bereichen Natur, Kultur und Geschichte, Tourismus und

---

[57] Dearden, 2002, S.241

Gemeinde.[58] Die meisten Punkte stammen von der Studie selbst und wurden praktisch eins zu eins übernommen. Es kann kritisiert werden, dass praktisch alle Ziele so allgemein verfasst sind, dass sie kaum einer Kontrolle unterzogen werden können. Auch die Handlungsempfehlungen, die sogenannten „Key Actions" sind allgemeiner Natur und es fehlt dem Plan ganz klar an messbaren und konkreten Projekten.

3.3 Auswirkungen auf die Tierwelt

Dadurch, dass der Mensch immer weiter in die Tierwelt eindringt, bleiben Konflikte natürlich nicht aus. Tiere folgen seit jeher ihren Instinkten und haben häufig nicht die Möglichkeit, sich erst an Neuerungen zu gewöhnen. Es wird von Seiten der Nationalparks darauf hingewiesen, dass der Mensch sich der Natur unterzuordnen hat, doch selbst bei befolgen sämtlicher Regeln bleibt ein Zusammentreffen von Mensch und Natur nicht aus.

59

(Abb.21: Hinweisschilder in den Nationalparks- „You are in Bear-Country")

1999 wurden 540 Mensch-Tier Konflikte registriert. Diese Statistik umfasst nur Bären und Elche. Außerdem wird vermutet, dass eine nicht zu vernachlässigende Anzahl von Unfällen gar nicht gemeldet wird. Die reelle Zahl fiele also noch höher aus. Die Tiere, die in die Gemeinde Banff eindringen, werden ebenfalls nicht erfasst.[60]

Die hohe Zahl der Mensch-Tier Konflikte ist sehr bedenklich und wird einer nachhaltigen Entwicklung in keinem Falle gerecht. Als erste Maßnahme wurden rund 150 Elche aus der Umgebung von Banff entfernt. Dies bedeutet aber eine ganz klare Einmischung in den natürlichen Lebenszyklus des Elchs, was weitreichende Konsequenz für das Ökosystem nach sich zieht. Zudem widersprechende diese Maßnahmen allen für einen Nationalpark geltenden Regeln. –nicht Eingreifen, Erhaltung des natürlichen Lebensraums etc. Durch den zunehmenden Verkehr und den Tourismus werden zum Beispiel Straßen erweitert, vergrößert,

---

[58] Dearden, 2002, S.255

[59] http://www.pc.gc.ca/rech-srch/rslts_E.asp, (08.01.2009)

[60] The Town of Banff, Sustainability Report, S.48f

oder sogar neue gebaut. Häufig kommt es dadurch zum Tod des Tieres, durch Auto- oder Zugunfälle.

(Abb.22: Versch. Bilder von Tierkontakten auf den Straßen der Nationalparks)

Dies wiederum führt zu neuen Problemen, denn ein Aufeinandertreffen geht meistens zum Nachteil der Tiere bzw. der Natur aus. Es fängt damit an, dass die Tiere sich an eigentlich ungewohnte Geräusche gewöhnen, seien es Menschen, oder Autos. Bei falschem Verhalten den Tieren gegenüber, zum Beispiel füttern, suchen diese später immer wieder den Kontakt zum Menschen.

Auch auf der Jagd nach einem Tierphoto kann es zu Komplikationen kommen. Tiere wie Bären, die überrascht werden oder Elche und Wapitis während der Brunftzeit, die versuchen ihre Jungen zu schützen, oder ihr Revier verteidigen wollen, werden aggressiv und greifen den Menschen an. (Vgl. Abb.22, zweites Bild von links). Solche Situationen können fatale Folgen haben.

Die bewässerten Grünflächen von Banff und Jasper, Hotelanlagen sowie Golfplätze mit sattem Grün ziehen die Tiere ebenfalls an. Es kann also jederzeit und überall zu einem Aufeinandertreffen kommen, (Vgl. Abb.23) dies setzt das richtige Verhalten während einer solchen Situation voraus. In den Ortschaften Banff und Jasper ist es unabdingbar sich über das *Wildlife* zu informieren.[62] um sich den Gewohnheiten der Tiere anzupassen und ihnen dadurch zu ermöglichen, dass sie sich auch weiterhin so natürlich wie möglich in ihrem Lebensraum bewegen. Dies ist schließlich das Ziel von Nationalparks.

(Abb.23: Aufeinandertreffen von Tier und Mensch in den Nationalparks)

---

[61] http://www.cpawsbc.org, http://www.pc.gc.ca/pn-np/bc/yoho/natcul/natcul29_e.asp, (08.01.2009)

[62] www.parkscanada.gc.ca/jasper, www.parkscanada.gc.ca/banff

[63] http://www.cpawsbc.org, (08.01.2009)

Bei nichtbefolgen dieser Regeln kann und wird es zu Konflikten kommen. Wenn Bären einmal einen Menschen angegriffen haben, hat der Bär vielleicht das Glück, nur betäubt und ausgesiedelt zu werden. Oftmals wird er jedoch erschossen.

Wer einem Wapiti zu nahe kommt, um ein Foto zu schießen, sollte hoffen, dass der Hirsch gut gelaunt ist, denn wenn er sich gestört fühlt, wird auch er sich verteidigen.

Diese Fälle von Aufeinandertreffen sind bei guter Information und deren Befolgung jedoch die Ausnahme.

3.3.1 Management der *Wildlife*-Probleme

Das meist für die Tiere tödliche Zusammentreffen mit den Touristen soll durch ausführliche Information verringert werden.

Zum einen wird durch die Touristen Informationen in Banff, Jasper, Lake Louise und unzähligen weiteren Plätzen darauf hingewiesen, dass es nicht ungefährlich ist, durch die wilde Natur der Nationalparks zu streifen. In den Touristeninformationen werden Filme gezeigt, Broschüren ausgehändigt und saisonal gefährdete Gebiete genannt. Es stehen Schilder und Warnhinweise nahezu an allen Parkplätzen, Wanderwegen etc. Gebiete mit großer Bärenaktivität, zum Beispiel während des Anfressens des Winterspecks in Regionen in denen beliebte Bärenspeisen wachsen (z.B. Beeren), werden durch Hinweisschilder gekennzeichnet, in solchen Fällen ist das Wandern in Gruppen unter vier, sechs, oder acht Personen strengstens verboten.

Zeltplätze sind in der Regel mit Starkstromzäunen gesichert und fürs campen in der Wildnis muß man sich in den bestimmten Region anmelden, man bekommt dann vor Ort eine Einführung von Wildhütern. Solange alle Regeln befolgt werden, ist ein gefährliches Aufeinandertreffen sehr unwahrscheinlich.

Wird ein Bär in direkter Umgebung von Menschen, sprich Stadt, Dorf, Siedlung gesichtet, werden die Menschen angehalten dieses zu melden. Wird er erneut gesichtet, muss der Bär betäubt, gekennzeichnet und ausgeflogen werden. Bei erneutem auftreten kommt es des öfteren zum Todesschuß. Neben dem Zusammentreffen von „Angesicht zu Angesicht" sind auch vermehrt Wildtiereunfällen mit Autos und Zügen zu verzeichnen. (Vgl. Abb.22)

Um diese zu minimieren, sind die großen Straßen um Banff und Jasper mit kilometerlangen Zäunen umgeben. An bestimmten Stellen werden dann Wildwege, Überführungen, oder Tunnel angelegt. Somit können die Tiere sicher die Andere Straßenseite erreichen. In den folgenden Graphiken und Beschreibungen, ist dies verdeutlicht:

Do Fences Reduce Road-kill?

"We measured the performance of highway mitigation fencing to reduce wildlife-vehicle collisions along three, 4-lane sections (phase 1, 2 and 3A) of the Trans-Canada Highway (TCH) from 1981 to 1999. When fencing was put up, wildlife mortalities were reduced effectively as ungulate-vehicle collisions declined by more than 95%. Vehicle collisions with all wildlife were reduced with fencing by more than 80%. Fencing results were mixed for carnivores. Mortality was highest (64%) for all carnivores on unmitigated sections of highway; however 50% of black bears and 75% of cougar kills occurred on fenced mitigated sections. Black bears and cougars easily climb over the mitigation fence, and coyotes can access the right-of-way by going under the fence at numerous ground gaps. The marked decrease in wildlife mortalities along Phase 1 and 2 of the TCH after fencing is convincing evidence that fencing can be effective highway mitigation."

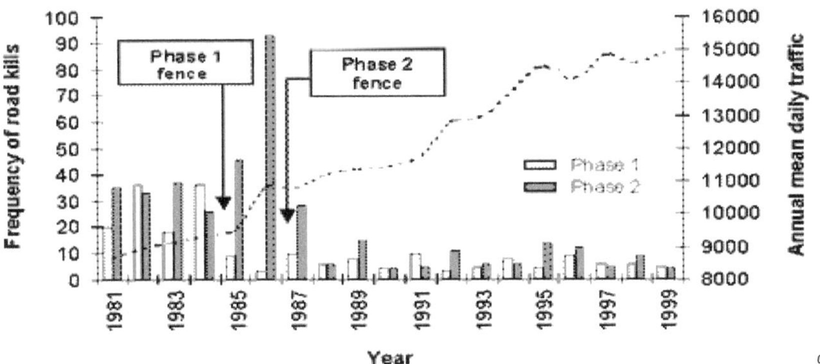

(Abb.24: Statistik von Tierunfällen vor und nach dem Zaun bau)

Allerdings sind die Über- bzw. Unterführungen (Vgl. Abb.25) auch keine hundertprozentige Lösung, denn diese werden von sämtlichen Tierarten genutzt – vom Bären bis zum Kleintier. Dies führt des öfteren dazu, das ein Grizzlybär sehr schnell bemerkt, dass diese Tierwege häufig ein schnelles Mahl bedeuten und er sich einfach nur vor solch einen Tunnel setzten muss um darauf zu warten, dass ihm das Futter ins Maul läuft.

---

[64] http://www.pc.gc.ca/pn-np/ab/banff/docs/routes/chap3/sec4/routes3d_E.asp, (08.01.2009)

(Abb.25: Tiertunnel, bzw. Tierbrücken)

Außerdem müssen sich die Tiere an die neuen Möglichkeiten gewöhnen, dazu ein paar Daten der Benutzung dieser „*Overpasses*" und „*Underpasses*":

"From 1996 to present there have been fluctuations in the numbers of animals in the Bow Valley and likewise near the crossing structures. This has resulted in fluctuations in how we might expect wildlife to use the passages and how they actually end up using them. Individual animals and populations also need time to adapt to newly constructed wildlife crossing structures. For example, each year large carnivores, (wolves, black bears, grizzly bears, and cougars) steadily increased their use of the wildlife overpasses after construction although cougar use declined in 2000-01 when the resident cougar population declined dramatically in the Bow Valley."

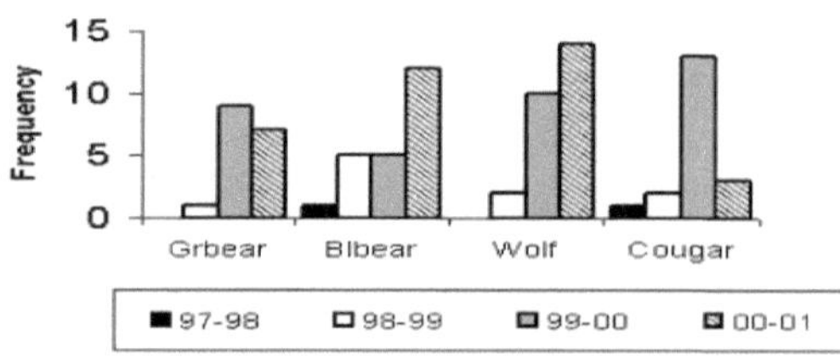

[66] (Abb.26:Benutzung der Tierwege)

"It is difficult to compare two different crossing structures because of confounding variables associated with each structure. For example, habitat type and dimensions associated with each structure may vary widely. By looking at structures that are close together we can eliminate some of the confounding variables. A close approximation to a side-by-side

---

[65] http://www.pc.gc.ca/pn-np/ab/banff/visit/visit1c_e.asp, (08.01.2009)

[66] http://www.pc.gc.ca/pn-np/ab/banff/docs/routes/chap3/sec1/routes3b_E.asp#use, (08.01.2009)

comparison can be found in Banff. An underpass is located within 200 m of each of the two overpasses.

When we look at the paired comparison of use, grizzly bears, wolves and all ungulates tended to use wildlife overpasses more than nearby underpasses, whereas cougars preferred underpasses, and black bears do not prefer one over the other."

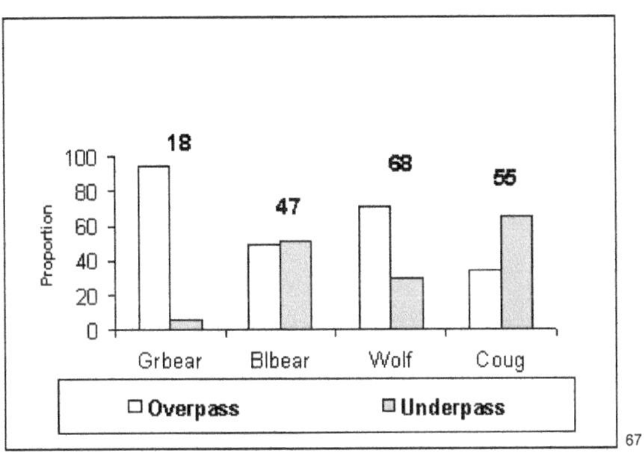

(Abb.27: Bevorzugung der versch. Tierwege)

Eine andere Maßnahme wird im Bow Valley mit den *Elk´s(Hirsche)* vorgenommen, da dieser Bereich eine riesige Anzahl dieser Tiere zu verzeichnen hat, hat der Banff Nationalpark das Projekt: *Elk Management Strategy* ins Leben gerufen.

"In 1992, a community-based Elk Advisory Committee was formed to consult with Parks Canada regarding elk management actions to reduce human-elk conflicts. In the first five years, the Committee focussed on education programs, areas for preventative closures and guiding some research projects. In 1999, Parks Canada and a re-vitalized Elk Advisory Committee implemented the Banff National Park Elk Management Strategy. This strategy took an adaptive management approach and had two key goals: the restoration of natural ecological processes on lands adjacent to the town; and the reduction of elk-human conflicts."[68]

---

[67] http://www.pc.gc.ca/pn-np/ab/banff/docs/routes/chap3/sec1/routes3b_E.asp#use, (08.01.2009)

[68] http://www.pc.gc.ca/pn-np/ab/banff/plan/plan23a_E.asp, (08.01.2009)

Dies führt dazu, dass die Zahl der Hirsche und auch die der Wölfe, welche sich von den Hirschen ernähren, deutlich zurückgegangen ist. Somit werden, wie im vorherigen Text bereits erwähnt, die Konflikte zwischen Hirschen und Menschen verringert.

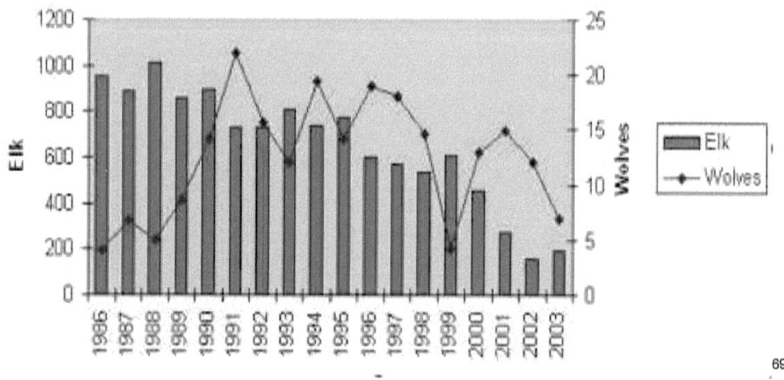

(Abb.28: Anzahl des *Elk* und der *Wolves* im *Bow Valley*)

Dies allerdings ist wiederum eine Einmischung in die Natur und auch das kann nicht das Konzept eines Nationalparks sein.

---

[69] http://www.pc.gc.ca/pn-np/ab/banff/plan/plan23a_E.asp, (08.01.2009)

4. Fazit

Die Nachhaltige Entwicklung wird im Englischen mit *Sustainable Development* übersetzt. Wie am Anfang der Arbeit bereits erläutert wurde, hat die Nachhaltige Entwicklung zum Ziel, die gegenwärtigen Bedürfnisse zu decken, ohne späteren Generationen die Möglichkeit zur Deckung der ihren zu verbauen. Anders als oft angenommen, beinhaltet die Nachhaltige Entwicklung viel mehr als den Schutz der Umwelt. Konkret umschließt der Begriff die drei Bereiche Gesellschaft, Umwelt und Wirtschaft, die alle drei sehr eng miteinander verbunden sind und einander stetig beeinflussen. Ein Gebiet kann also erst dann als nachhaltig angesehen werden, wenn alle drei Gruppen eine gesunde Entwicklung aufweisen.[70]

Auf dem Weg einer Nachhaltigen Entwicklung braucht es regelmäßige Standortbestimmungen. Es müssen Systeme entwickelt werden, mit denen man die Nachhaltige Entwicklung messen kann. Dies tut man mittlerweile anhand von Indikatoren. Ein Indikator liefert ein vereinfachtes Bild eines komplexen Phänomens. Er beleuchtet einen ganz bestimmten Gesichtspunkt, ein ganz bestimmtes Problem in einem ganzen Gefüge von Systemen. Setzt man die Beobachtungen eines solchen Gesichtspunktes über Jahre und Jahrzehnte hinweg fort, lässt sich zu jedem Indikator eine Art Entwicklungstrend interpretieren. Eine erhöhte Temperatur ist zum Beispiel ein Symptom einer Grippe, also ist die Temperatur ein einziger Indikator. Ein einzelner Indikator sagt also nur wenig aus. Um eine umfassende Messung zur Nachhaltigen Entwicklung zu erstellen, müssen Dutzende solcher Indikatoren definiert und analysiert werden. Der Umfang und auch Inhalt dieser Indikatoren muss auf jedes Gebiet speziell angepasst werden. Das heißt, ein Nationalpark hat sicher nicht die gleiche Indikatoren liste wie eine Kleinstadt. Die Ausarbeitung der Indikatoren ist ein Prozess, der nie zu Ende geht. Die Liste muss ständig kontrolliert, angepasst und ergänzt werden.

Der Banff- sowie der Jasper Nationalpark stecken in großen Schwierigkeiten. Sowohl die *Banff-Bow Valley Study* 1994, wie auch der *Banff Sustainability Indicators Report* 2000 sprechen eine deutliche Sprache:

Die Nachhaltige Entwicklung der Nationalparks ist gefährdet. Die negativen Auswirkungen des Tourismus auf die Umwelt sind für die Zukunft nicht tragbar. Der Banff National Park wird der IUCN-Definition des Nationalpark bereits nicht mehr gerecht. Auch die Umsetzung

---

[70] BUWAL, 2002, S.2ff

des *National Parc Act's*, des kanadischen Gesetzes der Nationalparks, ist nie konsequent ausgeführt worden. Es mangelt der kanadischen Regierung und insbesondere dem Ministeriums des *Canadian Heritage* an Durchsetzungskraft.

Leider haben immer noch nicht alle den Ernst der Lage erkannt. Die alarmierenden Ratschläge der *Banff-Bow Valley Study* wurden weitgehend in den Wind geschlagen und als übertrieben abgetan. Noch am heutigen Tage sind sich viele touristische Leistungsträger nicht bewusst, dass sie die Basis ihres Broterwerbs, nämlich die Natur, selber zerstören.

Auf der anderen Seite versucht *Parks Canada* weiterhin den Umweltschutz voranzutreiben und Überzeugungsarbeit zu leisten. Es fehlt aber an Durchsetzungskraft und auch an personellen und finanziellen Mitteln. Wirtschaft gegen Politik, Profit gegen Umweltschutz! Solange diese Interessenskonflikte nicht bereinigt sind, wird es sehr schwierig, in eine gemeinsame, nachhaltige Zukunft zu gehen. In der Vergangenheit wurde von verschiedenen Seiten her versucht, neue Ideen zu entwickeln und Konzepte auszuarbeiten. Pläne gibt es zur Genüge, was jetzt noch fehlt, ist die Umsetzung dieser Pläne. Ich erinnere an den *Banff Management Plan*, an den *Banff Community Plan* und an verschiedene Gesetze und Richtlinien. Durch die große Anzahl von Studien und Arbeitsgruppen, die sich alle auf eine Art und Weise ähneln, entsteht eine Unübersichtlichkeit. Die Frage ist berechtigt, ob nicht in diesem Fall *„weniger gleich mehr"* wäre. Es sollten weniger, dafür aber exaktere Studien getätigt werden. Die meisten dieser Pläne und Studien haben den gleichen, grundlegenden Mangel:

Sie sind nur sehr schwer überprüfbar. Die Ziele sind viel zu oberflächlich und ohne exakte, quantitative Angaben verfasst. Somit kann eine eigentliche Zielkontrolle gar nicht stattfinden. Erschwerend kommt hinzu, dass in Banff die Führung von Statistiken und die Überprüfung von Umweltwerten erst seit kurzer Zeit angewendet wird und deshalb nur auf sehr kleine Erfahrungswerte zurückgegriffen werden kann. Das seit Jahrzehnten Verpasste kann nur in einem langen Prozess wieder aufgeholt werden.

Die Nationalparks Banff und Jasper müssen eine neue Richtung einschlagen und sich auf einen nachhaltigen Tourismus konzentrieren. Die negativen Einflüsse auf die Natur müssen so klein wie möglich gehalten werden, denn sie völlig eliminieren zu wollen, wäre illusorisch. Schadensbegrenzung heißt nun das Ziel. Das Tourismuskonzept stellt diese Neuorientierung, hin zu einem nachhaltigen Tourismus, ins Zentrum. Das Marketing spielt dabei eine entscheidende Rolle und muss ein Umdenken der kanadischen Bevölkerung anvisieren. Nur mit einer Steigerung des Umweltbewusstseins, können die Destinationen Banff und Jasper auch längerfristig überleben. Die Umweltpolitik kann mit flankierenden Maßnahmen wie Kapazitätsfestlegung oder Verschiebung der touristischen Nachfrage auch eine entscheidende Hilfe bieten.

In einem nächsten Schritt muss eine Veränderung des Parkangebots stattfinden, indem es auf einen nachhaltigen Tourismus oder wie vom Park Management vorgeschlagen, auf einen *Heritage Tourism*, ausgerichtet wird. Angefangen vom Transport, über die Unterkunft bis hin zu den verschiedenen Aktivitäten muss der Umweltschutz wieder stärkere Gewichtung erhalten. Solange nicht alle dieser touristischen Leistungsträger in die gleiche Richtung hin arbeiten, ist die Nachhaltige Entwicklung weiterhin in Gefahr. Einmal mehr bestimmt der Egoismus die Taten der Menschen, seien es die Anbieter, die aus der Natur Profit schlagen, oder seien es die Nachfragenden, die die Natur als Auftankquelle für den Alltag missbrauchen.

Meiner Meinung nach ist es für einen Wandel noch nicht zu spät. Das Bemühen vieler Einheimischen lässt auf Veränderungen hoffen. Wir als Besucher spielen eine entscheidende Rolle und dürfen und **müssen** unseren Teil zum Umweltschutz beitragen.

5. Literaturliste

Buchquellen:

- J. F. Boden (1984): Abenteuer Kanada- Die Nationalparks Banff und Jasper: Alouette Verlag

- M. Ritter (1982): Kanada- Die Nationalparks Jasper, Banff und Kootenay, Anton Schroll & Co Verlag

- L. Ellenberg (1997): Ökotourismus – Reisen zwischen Ökonomie und Ökologie, Spektrum Akademischer Verlag

- H. Walletschek, J. Graw (1988): Öko-Lexikon. Stichworte und Zusammenhänge, München: Beck'sche Reihe

- Lonely Planet (2002): Canada, Lonely Planet Publications

- The Town of Banff (1998): Banff Community Plan, Banff

- Canadian Parks Service (1997): Banff National Park Management Plan, Banff National Park.

- S. Loose (2005): Kanada- Der Westen, DuMont Reiseverlag, Ostfildern

- W. F. Lothian (1987): A Brief History of Canada's National Parks, Ottawa: Parks Canada

- The Town of Banff (2001): Banff Sustainability Indicators Report, Banff

- P. Dearden, R. Rollins (2002): Parks and Protected Areas in Canada. Planning and Management.

- Banff-Bow Valley Task Force (1996): Banff-Bow Valley: At The Crossroads. Parks Canada, Ottawa

- BUWAL (2002): Nachhaltige Entwicklung messen: Einblick in MONET – das Schweizer Monitoringsystem, Neuenburg

Internetquellen:
- http://www.geogr.uni-goettingen.de
- http://www.bfn.de/0323_iye_nachhaltig.html
- http://www.nachhaltigkeit.info
- http://upload.wikimedia.org
- www.freewheeling.ca/tours/maps/oldmaps/jasper.jpg
- http://www.lonelyplanetimages.com/enlargeImage.html
- http://www.lonelyplanetimages.com/enlargeImage.html, Peyto Lake and Mountains
- http://www.lonelyplanetimages.com/enlargeImage.html, Lake Louise and glacier

- http://www.lonelyplanetimages.com/enlargeImage.html, Wenkchemna Peaks
- www.pc.gc.ca,Parks Canada Agency Annual Report, 2003-2004
- http://www.purkisfamily.org/.../1/Athabasca%20Falls.JPG
- http://www.pc.gc.ca/pn-np/ab/jasper/visit/visit42_E.asp

- http://www.lonelyplanetimages.com/enlargeImage.html

- http://www.reiserat.de/img/reiserat/kanada-maligne-lake-spirit-island-jasper-national-park.jpg

- http://www.borealphoto.com/photos/270925567_ZvG6E-M.jpg

- http://www.terragalleria.com/images/canada/caab33755.jpeg
- http://www.pc.gc.ca/docs/v-g/jasper/plan/images/jasper-town_2645.jpg
- www.banfflakelouise.com
- http://www.pc.gc.ca/pn-np/ab/banff/index_E.asp
- www.alberta-canada.com

- www.banfflakelousie.com
- www.greyhound.com
- http://www.pc.gc.ca/pn-np/ab/banff/plan/plan13_e.asp

- www.google.de/images

- http://www.pc.gc.ca
- www.parkscanada.ca
- www.pch.gc.ca
- http://image54.webshots.com/154/1/36/39/427613639ZoCdRh_fs.jpg
- http://raysweb.net/banff/pages/bowstudy.html
- http://www.pc.gc.ca/rech-srch/rslts_E.asp
- http://www.cpawsbc.org, http://www.pc.gc.ca/pn-np/bc/yoho/natcul/natcul29_e.asp

- www.parkscanada.gc.ca/jasper
- www.parkscanada.gc.ca/banff
- http://www.cpawsbc.org
- http://www.pc.gc.ca/pn-np/ab/banff/docs/routes/chap3/sec4/routes3d_E.asp
- http://www.pc.gc.ca/pn-np/ab/banff/visit/visit1c_e.asp

- http://www.pc.gc.ca/pn-np/ab/banff/docs/routes/chap3/sec1/routes3b_E.asp#use
- http://www.pc.gc.ca/pn-np/ab/banff/plan/plan23a_E.asp

<u>Eigene Aufnahmen:</u>

- Town of Banff vom Sulphur Mountain (2285m), 2005

- Sundance Canyon, 2007, Banff Nationalpark